SERIE

CRUZ DE MALTA

PERSPECTIVAS DEL REGIMIENTO 65 DE INFANTERÍA

VOLUMEN I

UN VILLANCICO DE NAVIDAD BORINQUEÑO

LA EVACUACIÓN DE HUNGNAM (DICIEMBRE, 1950)

LUIS ASENCIO CAMACHO

pien fu

ISBN-13: 978-0-9968585-2-6
ISBN-10: 0-9968585-2-0

Diseño de portada y contraportada: Composición digital realizada por Luis Asencio Camacho a partir de una foto de tropas del regimiento 65 de infantería a su salida de Hungnam, Corea del Norte (24 de diciembre de 1950) (U. S. Army), y de un convoy del 65 a su paso por Oro-*ri* (18 de diciembre de 1950) (AP/Max Desfor).

Características especiales: Esta obra emplea tipos Batang y PMingLiU para la recreación de escrituras coreana (*hangul*) y china (sinogramas). En la romanización conforme a sus respectivos sistemas, McCune–Reischauer y Wade–Giles (vigentes al momento de la acción relatada), se ha removido todo signo diacrítico por considerárselos superfluos a lectores ajenos a estas lenguas.

Este trabajo consiste en una edición y traducción revisada y aumentada del original en inglés *A Borinqueneer Christmas Carol: The Hungnam Evacuation, December 1950* (2004–2005). En tanto que la historia relatada proviene de algunas fuentes reconocidas como autoritarias, no representa la versión oficial del Departamento de Defensa o del Ejército. El contenido y perspectiva de este trabajo son solo la opinión del autor, quien, por consiguiente, asume toda responsabilidad por errores y/o desaciertos.

pien fu
Ediciones Pien Fu
Cabo Rojo, Puerto Rico

A los Borinqueños del 65,
con admiración y agradecimiento

Durante los pasados diecisiete meses que he mandado este regimiento he reiterado repetidamente mi completa e inmutable confianza en la habilidad de lucha de los hombres del 65... Esa marca habla por sí sola... Con humilde sinceridad felicito y agradezco a todos ustedes. A cada uno le extiendo mis mejores deseos de una feliz Navidad y un próspero Año Nuevo.

—William Warner Harris
Memorándum
a bordo del USS *Freeman*
24 de diciembre de 1950

***Foto de la página anterior*:** **Borinqueños a bordo del transbordador Q0134 a minutos de su salida de Hungnam, Corea del Norte el 24 de diciembre de 1950 (U. S. Army)**

(Un capricho del destino eliminaría de esta foto al sargento de Estado Robert P. Wells, quien celebraba la partida desde el muelle a la derecha)

La evacuación de Hungnam

Se lo ha llamado tanto eufemística como burlonamente un ataque en otra dirección y la «gran huida» y con candor descrito como un milagro, un ejercicio de improvisación o «la primera y única operación anfibia al revés en la historia militar estadounidense»; pero la incontestable realidad es que la evacuación de Hungnam destaca como una de las más excepcionales y épicas campañas de la guerra de Corea.

En el transcurso de dos semanas, el legendario pero controvertible X cuerpo de los Estados Unidos habría de abrirse paso entre las montañas del este de Corea del Norte, destruyendo dos ejércitos chinos en el proceso, camino de su destino en la cabeza de playa de Hungnam, donde integraría la fuerza de más de 100,000 tropas estadounidenses, de las Naciones Unidas (ONU) y surcoreanas a embarcarse en el mayor movimiento naval desde la II Guerra Mundial.

El tradicional ejemplo de «los primeros en llegar, los últimos en salir» jamás se ha personificado mejor que en un grupo de hombres de la 3.ª división de infantería: su regimiento vanguardia en Corea y fuerza de retaguardia del cuerpo de ejército durante la evacuación. Únicos en su clase, se los conoció por el apodo de los *Borinqueños*.

La campaña «A casa para las navidades»

Un rotundo éxito pese a su improbabilidad, el desembarco de Inchon del 15 de septiembre de 1950 sentó mucho más que nuevas pautas en la guerra que asolaba a Corea por cerca de tres meses: presagió su fin. Kim Il-song, 38,[1] el ambicioso presidente norcoreano, tuvo que resignarse a la humillante realidad de ver a su *invencible* Ejército Popular,[2] hasta entonces ocupando casi toda la península, huir desbandado hacia el norte ante el empuje de la ONU.

En un mes, el Mando de la ONU, capitaneado por Douglas MacArthur, 70, aniquiló divisiones norcoreanas enteras, capturó la capital Pyongyang y seguía persiguiendo y cazando sin cuartel a los comunistas. *¿Qué de las probabilidades de una intervención china?* (Los temores

---

[1] Edad al momento de la acción que se relata.

[2] Creado en febrero de 1948* y apertrechado por la URSS con personal de adiestramiento y un variado armamento moderno que su contraparte sureña (*vid. infra* nota 13) remotamente podría adquirir, el Ejército Popular de Corea (EPC) (조선 인민군 [*Chosen inmin'gun*]) conformaba una formidable fuerza de 100,000 a 135,000 efectivos al momento de la invasión. Cabe hacer la salvedad que pese a una breve incursión en 1949, no existe un análisis de la efectividad de combate del EPC previo a 1950. Para finales de año habrá perdido unos 70,000 efectivos.

* En 1971 el mismo Kim cambiará la fecha a abril con tal de apocar la influencia soviética y asociar los orígenes del EPC con las actividades guerrilleras de Kim contra los japoneses (1932). Otros lo remontan al Ejército Voluntario coreano (조선 의용군 [*Chosen uiyong'gun*]) (1939).

encabezaban la lista de preocupaciones en Washington, D. C.[3]) *«Mínimas»*, le aseguraría el Comandante Supremo del Mando de Lejano Oriente al presidente Truman, 66, durante su breve conferencia en Wake Island. *Los chinos comunistas no atacarían; los aliados habían ganado la guerra.* Toda hostilidad habría acabado para el Día de Acción de Gracias y el Presidente podría sacar una división de Corea y enviarla a Europa tan temprano como enero de 1951.[4]

La *inminencia* del éxito inspiró al elocuente cinco estrellas a enunciar una categórica promesa de tener a «los muchachos de vuelta a casa para las navidades»,[5] solo

---

[3] Hasta el 12 de octubre, la creencia de una intervención china se cimentaba en un memorando de la Agencia Central de Inteligencia (CIA) que concluía con el categórico razonamiento de que, por carecer de apoyo aéreo y naval para sus tropas terrestres, la China Roja no progresaría de un apoyo furtivo y timorato desde Manchuria.* No obstante, el sumario de inteligencia de dos días más tarde cita al *charge d'affaires* de los Países Bajos en Pekín alertando sobre el cruce de tropas chinas (CIA, «Daily Korean Summary», 14 de octubre de 1950, § II). *Vid. et. infra* nota 6.

* El oficial de Inteligencia (G-2) de MacArthur, el general de división Charles A. Willoughby, 58, compartió la opinión.

[4] *Cf.* «Substance of Statements Made at Wake Island Conference on 15 October 1950», y «Douglas MacArthur to Harry S. Truman, with Draft Letter to MacArthur by George Elsey, October 30, 1950», *Harry S. Truman Library and Museum*, http://www.trumanlibrary.org/whistlestop/study_collections/koreanwar/documents/index.php?

[5] MacArthur esperaba poder retirar al Octavo ejército de EE. UU. a Japón para las navidades, dejando en su lugar al X cuerpo y algunos destacamentos de la ONU («Substance», 2). La «promesa» se originó accidental y oportunamente cuando, elucubrando con sus generales los posibles desenlaces de la guerra, el generalísimo aseguró que, de alcanzar las riberas del Yalu sin oposición, podría tener a los muchachos en casa para las navidades. Jamás imaginó que los corresponsales de guerra que lo acompañaban tergiversarían sus palabras. La

para, semanas más tarde, tener que retractarse y reconocer ante al mundo la tétrica realidad de una nueva guerra con un nuevo enemigo.[6] Su solución fue un agresivo

revista *Time*, en su edición del 4 de diciembre (56, n.º 23 [1950]), lo cita diciéndole al comandante de la 24.ª división, John H. Church, 58: «Ya les he prometido a las esposas y madres que los muchachos... estarán de vuelta para Navidad. No me hagas quedar como un mentiroso» («Battle of Korea: Massive Envelopment», 24). Para un joven teniente del Ejército a cargo del ingreso de pacientes en el hospital de prisioneros de guerra de la ONU, a 8,000 millas de casa, en abril de 1951, la promesa de su comandante supremo se la habría antojado cual la mayor patraña —si no muestra de incompetencia— de todos los tiempos; máxime cuando su segunda Navidad (la tercera de la guerra) le sorprendió. *¿Fue MacArthur un mentiroso o solo un incauto?*, se le preguntó al hoy profesor emérito de la Universidad del Estado de Pensilvania y célebre autor de varios libros tematizados en la Navidad en la guerra, Stanley Weintraub, con ocasión de la publicación de su libro, *A Christmas Far from Home* (2014). La fantasía de MacArthur —respondió—, alimentada por un sistema de inteligencia deficiente y una personalidad arrogante, consistió en su creencia de que podría unificar a Corea sin la intervención de los chinos comunistas. Alimentó las irrealizables esperanzas de sus tropas...

> [Su] conocimiento... de Corea [se basaba en] breves operaciones fotográficas y la inteligencia que quisiese oír. Creía sus fantasías. Cuando contemplaba las nevadas montañas de Corea del Norte desde un avión a nueve mil pies, sin ver un solo soldado enemigo, se imaginó una realidad no existente. (cit. por Kathryn Jean Lopez, en «Christmas in Korea: A Dark Hour—An NRO Interview», National Review Online, 2014, http://www.nationalreview.com/article/395307/christmas-korea-interview)

[6] Informa el *New London Day* en su edición del 6 de noviembre de 1950: «Tal parece que nuestras fuerzas combatientes y agencias de inteligencia han confirmado el hecho de que las Naciones Unidas han entrado en contrato hostil con unidades militares comunistas chinas desplegadas en contra de las fuerzas del mando unido» («MacArthur Identifies Red Units in Korea», 1). *Cf.* declaración de la CIA dos semanas antes: «Informes oficiales nos confirman el rumor amplia-

avance hacia el Yalu («a toda velocidad y con plena utilización de todas las fuerzas»), movida que, a diferencia de Inchon, fue catalogada como «uno de los más crasos errores militares en cualquier guerra reciente».[7]

¿Qué lógica había en enviar dos fuerzas —un ejército derrotista liderado por un tímido *tres estrellas* que conocía sus límitaciones si bien no titubeaba al expresar su juicio;[8] y un cuerpo «medio crudo»[9] liderado por un

---

mente difundido en la prensa sobre 20,000 tropas comunistas chinas habiendo entrado en Corea y enfrentado tropas de la República de Corea» («Daily Korean Summary», 26 de octubre de 1950, § II). Willoughby, si bien seguía reportando números en alarmante aumento al norte del Yalu, se mantenía en la imposibilidad que la superioridad aérea estadounidense le impondría a una intervención significativa.

[7] Drew Pearson, «Trapped Marines», *Tuscaloosa News*, 12 de diciembre de 1950, 4.

[8] Walton H. (*Johnnie/Bulldog*) Walker, 60, siempre tuvo sus reservas en cuanto al plan de su comandante en jefe, advirtiendo de al menos cuatro retos a enfrentar: el terreno; la posibilidad de una intervención rusa o china comunista (sin mencionar que la inteligencia que recibía del frente contradecía la de MacArthur); la relación con (y dominio de) tropas surcoreanas; y la responsabilidad logística del Octavo ejército para con el X cuerpo. Un acceso directo a MacArthur le habría facilitado la defensa de su argumento, pero la triste realidad era que el texano egresado de West Point, sin importar que hubiese sido el *protégé* de Patton y amigo personal del jefe de Estado Mayor Conjunto, Omar Bradley, tenía que canalizar toda comunicación mediante el jefe de Estado y confidente de MacArthur, Edward Almond, quien a su vez se esmeraba en relegarlo al ostracismo (nota 10).

[9] A juicio del otrora coronel de infantería de marina, Robert D. Heinl, Jr., en su clásico de 1968, *Victory at High Tide: The Inchon–Seoul Campaign* (Anápolis: Nautical and Aviation Publishing, 1979), 53–54. Una organización veterana de la II Guerra Mundial que se reactivaba expresamente para el desembarco de Inchon, el X cuerpo se componía de dos divisiones estadounidenses —la 7.ª del Ejército y la 1.ª de Infantería de Marina— y el I cuerpo del Ejército de la República de Corea.

engreído, voluntarioso y elitista *dos estrellas* que, en lugar de asumir su correspondiente puesto subordinado al primero, operaba por la libre— a marchar en columnas carentes de equipo y separadas por una cordillera con cimas que superaban los 5,000 pies?[10]

Cual si en efecto se tratase de una carrera, Ned Almond no escatimó esfuerzos para asegurar su triunfo, alcanzando las orillas del Yalu en Hyesanjin el 21 de noviembre y orinando en sus heladas aguas en ritualista señal de desdén por el enemigo —*el verdadero*— que observaba desde la otra orilla.[11] La oportuna orden de no

---

[10] MacArthur, como conquistador de Japón y uno de los últimos generales de cinco estrellas en servicio activo en 1950, gozaba de un estado olímpico que le daba carta blanca al momento de obrar, a menudo con una actitud rayana en el capricho. Muestra de ello fue el nombramiento del virginiano Edward M. (*Ned*) Almond, 58, a dirigir el X cuerpo a su antojo mientras que, como jefe de Estado de los cuarteles generales del Mando del Lejano Oriente, sirviese de enlace y filtro de información a su jefe de las ejecutorias del Octavo ejército. No era secreto que Almond envidiaba la brillante trayectoria de Walker y codiciaba su puesto, por lo que no perdía oportunidad de «competir» por el favor de MacArthur. «Nunca había oído de semejante arreglo de mando en toda la historia del Ejército de los Estados Unidos —escribirá William Harris—. Era único, pero funcionaba, si bien el rumor era que el general Walker estaba furioso» (*Puerto Rico's Fighting 65th U. S. Infantry: From San Juan to Chorwan* [San Rafael: Presidio, 2001], 83). Obviando por un momento, no obstante, toda desfachatez, cabe señalar que semejante concesión respondía a la premisa macarthuriana de un pronto cese de hostilidades.

[11] Almond seguía una antigua pero insulsa tradición militar que emulasen, en marzo de 1945, Churchill en la línea Sigfrido y Patton en el Rin. Para él, alcanzar el Yalu significó más que un inminente final a la guerra; fue una victoria personal. Para sus tropas, ejemplificadas en la reacción de un infante del regimiento 17 cuya identidad quedará perdida en la historia, la tan ansiada meta resultó ser toda una decepción: «Pues que el diablo me lleve. Conque esto es el Yalu.

llevar la guerra a Manchuria limitó su incursión a solo destruir los puentes sobre el río.

El 24, un día después de Acción de Gracias, MacArthur sintió la *necesidad* de visitar a Walker en sus cuarteles generales en Taegu para, tras una insufrible reunión de cinco horas, azuzarle a continuar el avance. No hubo bien partido MacArthur, iracundo y frustrado, Walker visitó a John Church y le ordenó retroceder tan pronto sus fuerzas de vanguardia oliesen chinos.[12] En esencia, el general estaba convirtiendo su avance en una misión de reconocimiento en fuerza, una decisión que su concienzudo mentor Patton habría aplaudido.

La misión llegó a un brusco final la noche del 25, cuando 250,000 efectivos de las fuerzas comunistas chinas (FCC)[13] atacaron las líneas del Octavo ejército.[14]

¿Qué te parece?» («Icy Yalu Fails to Impress Infantrymen; Hyesanjin Seized without a Shot Being Fired; Fall of City Splits Enemy Territory; Red Units Isolated», *Reading Eagle*, 21 de noviembre de 1950, 1).

[12] Una cosa era dar las órdenes y otra recibirlas. Esto no era Pusan, donde, pese al descontrol, él estaba al mando y sus llamados a luchar hasta la muerte surtían un efecto motivador. Como soldado profesional, Walker encaraba la decisión más difícil de su carrera militar, «cuando un jefe se ve forzado a elegir entre una orden irracional de su superior y la seguridad de sus hombres» (John Toland, *In Mortal Combat: Korea, 1950–1953* [Nueva York: Quill, 1991], 282).

[13] Nombre colectivo estadounidense para el Ejército Popular Voluntario (EPV) chino (中國人民志願軍 [W-G: *Chung-kuo jen min chih yüan chün*]), que de «voluntario» no tenía sino el nombre, tratándose la mayoría de sus integrantes de conscriptos y prisioneros conversos forzados a luchar. El EPV era un auxiliar del Ejército Popular de Liberación (EPL) (中國人民解放軍 [W-G: *Chung-kuo jen min chieh fang chün*]).

[14] CIA, «Daily Korean Summary», 27 de noviembre de 1950, § I. Desde el 19 de octubre China estaría infiltrando tropas, llegando a cruzar doce divisiones con el objetivo de establecer una línea de defensa cerca de la meta del Mando de la ONU.

Claro que MacArthur, con tal de salvar su imagen y honrar su aserción en Wake Island, podría siempre culpar a su leal G-2.

La furia del dragón: Douglas MacArthur paga por su error

Con un exitoso desembarco en Wonsan a finales de octubre, el 17 de infantería de la 7.ª división (*Bayonetas*),[15] la primera unidad del X cuerpo en alcanzar el Yalu, ocupaba a la sazón las desiertas aldeas al sur del río, ajena a la suerte del Octavo ejército. Al sur, su hermano, el Grupo regimental de combate (GRC) 32, alzaba un puesto de mando de avanzada al este de la represa de Changjin.[16] Al sur del 32, la 1.ª división de Infantería de Marina se apostaba a horcajadas en la enorme reserva artificial mientras que los pabellones de sus cuarteles generales ondeaban en Hagaru-*ri*. El GRC 31 y el I cuerpo del Ejército de la República de Corea (ERC)[17] formaban un arco

---

[15] CIA, «Daily Korean Summary», 21 de noviembre de 1950, § I. La adscripción de la 7.ª división de David G. Barr, 65, al X cuerpo en octubre dejó a Japón desprotegido, por lo que la asignación de Japón recayó en la recién incorporada 3.ª división, por entonces en camino y con fecha de llegada en noviembre. La 7.ª estaba en un estado crítico al verse despojada de 1,000 sargentos y cabos para rellenar otras unidades en Corea. Unas 8,000 tropas surcoreanas crudas habían sido integradas a las filas de la división. Sobre el programa KATUSA, *vid. infra* nota 31.

[16] Mejor conocida por su nombre japonés imperial *Chosin*.

[17] Entiéndase el ejército surcoreano (대한 민국 육군 [*Taehan Minguk Yuk-gun*]),* activado en 1948, si bien su linaje se remonta a los días del entonces rey Kojong (1881), primer emperador coreano. Con una fuerza de 65,000 efectivos al comienzo de la guerra, repartidos en ocho divisiones armadas con rifles M-1 y equipo estadounidense

que anclaba la parte nororiental de la península.

Durante una inesperada visita al 32 el día 28, Almond aceptó los rumores, pero enfatizó que no había dos divisiones chinas en toda Corea del Norte. Los tan temidos chinos no eran más que «remanentes de divisiones que huían hacia el norte». El X cuerpo seguiría atacando e iría hasta el mismo Yalu sin que un «grupo de lavanderos» los detuviese.[18] Su «incomprensible» estrategia ahora tenía al X cuerpo fragmentado a lo largo de un enorme frente.

Al oeste de la franja, Walker no estaba capacitado para repeler el asalto chino. Ante errores a granel y pérdidas catastróficas, un guerrero raramente impresionable como MacArthur no tuvo más opción que ordenar el

---

obsoleto, recibió de boca de su antiguo asesor militar el elogio de ser «el mejor ejército del mundo después del estadounidense» (T. R. Fehrenbach, *This Kind of War: The Classic Korean War History* [Washington, D. C.: Brassey's, 1994], 7–8).

* O *roco* (por calco del inglés *ROK* [*Republic of Korea*]).

[18] La captura de dieciséis prisioneros chinos el siguiente día por un regimiento surcoreano despejaría la duda de la composición de las FCC. Almond, sin embargo, seguirá rechazando la idea de la intervención organizada. «Mis instrucciones a la 7.ª división y a la división de infantería de marina —revelará años más tarde en entrevista con su nieto Thomas G. Fergusson, hoy coronel jubilado—, se basaban en mi opinión que la acción ofensiva era la mejor manera de determinar la amenaza existente...» («General Almond Interview by Captain Fergusson» [29 de marzo de 1975], *Chosin Reservoir, Korea, November-December 1950*, http://www.chosinreservoir.com/almondinterview.htm). Conforme al plan original, una vez Corea del Norte liberada de comunistas, el ERC tomaría el control y el Mando de la ONU saldría del país. Si bien el agresivo estilo de liderato de Almond daba fe de su valor personal, sus acciones poco ortodoxas y a menudo imprudentes sentaron peligrosos precedentes con desastrosas consecuencias, como quedará demostrado tanto durante la retirada del cuerpo como durante la llamada «balacera de Wonju» en febrero de 1951.

viraje de ciento ochenta grados de las decimadas tropas de Walker de vuelta al paralelo 38.[19]

Al este de la guardarraya, los rumores se tornaron en pesadilla de la noche a la mañana: no había dos divisiones chinas en Corea del Norte, como Almond había dicho. Había *tres ejércitos*, con 140,000 hombres.[20] De igual manera, Almond, por órdenes expresas de MacArthur, delineó una retirada inmediata de las fuerzas de la 7.ª división, de Yalu hasta Hamhung, ciudad industrial al noreste de Wonsan y sede de los cuarteles generales del X cuerpo. Una vez allí, las tropas de retaguardia de la división protegerían los flancos norteños y nororientales del cuerpo, estableciendo un fuerte puesto a veinte millas al norte de Hamhung a fin de bloquear las carreteras que llevaban al sur del área.

A su vez, el I cuerpo del ERC protegería el flanco occidental y aseguraría la carretera de la costa oriental mientras las fuerzas completaban sus movimientos al sur.

La punta de la lanza

El regimiento 65 de infantería del misuriano egresado de West Point, William W. (*Bill*) Harris, 44, se había unido a la guerra como añadidura de último minuto a la 3.ª división (*Roca del Marne*) poco antes de zarpar de Puerto Rico en agosto.[21] El único elemento de la 3.ª en Corea

[19] *Vid. infra* nota 61.

[20] Walker encaraba seis ejércitos, o una fuerza cercana a los 240,000 hombres, según datos modernos.

[21] Esto como resultado de la asignación de su tercer regimiento de «papel», el 30 de infantería, como unidad de adiestramiento y de reemplazo. La 3.ª división estuvo familiarizada con el 65 desde el

había sido indiscriminada y temporalmente adscrito a las 2.ª y 25.ª divisiones de infantería durante las operaciones de remate del IX cuerpo del Octavo ejército a lo largo del bulto del río Naktong por la segunda mitad de septiembre y mayor parte de octubre. La gloria que le fuese negada al perderse el desembarco de Inchon vino a reclamarle cuando el X cuerpo, en crítica falta de personal, convocó apoyo adicional para la invasión de Corea del Norte.[22]

Nunca imaginaron los hijos de Borinquen que su escandaloso desembarco en las playas de Wonsan la primera semana de noviembre, pisándole los talones a la 1.ª división de Infantería de Marina, marcaría el comienzo de un nuevo tipo de guerra con un nuevo *enemigo*: el imposible Almond. No solo se ganarían el injusto prejuicio y discrimen de su nuevo jefe de cuerpo, sino que estarían a su merced y caprichos, pues no habiendo bien desembarcado la avanzada del 65, Almond se la apropió y puso bajo su control operacional sin notificarle a Harris.

Al enviar al 2.º batallón (2/65) del neoyorquino

---

desempeño de este último en las maniobras PORTREX en Vieques en febrero y marzo de 1950.

[22] Una vez estuvo previsto a participar en el desembarco de Inchon, el 65 se perdió el Día D por toda una semana (gracias al tifón Kezia), arribando a Japón el 22 de septiembre, para ser redirigido a Corea la siguiente mañana. La pérdida del 5.º regimiento de Infantería de Marina para su empleo en el desembarco de Inchon amenazó la estabilidad del disminuyente perímetro de Pusan, razón por la cual MacArthur «compensó» a Walker con la imprevista adscripción del *inexperto* —por ende, no confiable— regimiento puertorriqueño al Octavo ejército. Walker vio este quid pro quo con prejuicios, pero siendo, no obstante, un disciplinado acatador, empleó el regimiento en minúsculas operaciones de remate que, a la larga, beneficiaron la salida de Pusan. *Cf.* Roy E. Appleman, *South to the Naktong, North to the Yalu* (Washington, D. C.: USACMH, 1992), 496–97.

Herman W. Dammer, 40, a las montañas de Yonghung,[23] poco equipado y corto de municiones adecuadas para defender la zona, Almond prácticamente lo entregaba en bandeja de plata al enemigo.[24] Un oportuno avión de observación aliado salvaría la situación al percatarse de la presencia de la unidad y coordinar una entrega de pertrechos por vía aérea que permitiría a los puertorriqueños repeler al enemigo y regresar a Wonsan sanos y salvos.[25]

Cual si importándole poco o nada la lección de Yonghung, Almond también tomó para sí el resto del regimiento apenas desembarcó en Wonsan y lo esparció por todo el lugar: una parte para cuidar de sus cuarteles generales, otra para servirle de guardaespaldas a los elementos de la división de infantería de marina allí y la otra para una incursión hacia el oeste con el fin de contactar y ayudar al decimado Octavo ejército en Tokchon, cerca de la infame guardarraya.

Para Bill Harris, las palabras de su paisano, viejo amigo y compañero de clase de West Point, Aubrey D. Smith, 43, un par de noches antes en Hamhung (*«Yo no*

---

[23] Uno de tres lugares con ese nombre, el que nos ocupa es un poblado a dos millas al oeste de la curvatura del río Sudong al sur de Suwon, en el punto medio entre Hungnam y Wonsan.

[24] Considérese que Dammer contaba con una exitosa y condecorada carrera como *Ranger* (comando) y las historias de sus proezas durante la II Guerra Mundial son casi legendarias.

[25] Harris, *Fighting 65th*, 91–103; Claud Bailey, Jr., et al. *Battle Analysis: 3d Infantry Division, Wonsan, Korea (November 1950): Rear Area Security* (Fort Leavenworth: CGSC, 1984), 25 ss; y William M. Leary, *Anything, Anywhere, Any Time: Combat Cargo in the Korean War* (Korean War Fiftieth Anniversary Commemorative Edition [s. l.: Air Force History and Museums Program, 2000]), 11–12. Ese mal hábito de dividir sus fuerzas contribuyó a la derrota de Almond en Alemania ante un batallón teutón.

iría a donde vas a menos que el jefe del cuerpo me diese órdenes por escrito... y por lo menos cuatro divisiones de infantería»),[26] presagiaron un sombrío futuro. El jefe del cuerpo *debía* reforzarle con una fuerza del tamaño de, precisamente, *un cuerpo*.[27]

Historia de dos fuerzas especiales

Las mareas de Wonsan no habían bien borrado las huellas de la 3.ª división, cuando su caudillo, el general Robert H. (*Shorty*)[28] Soule, 50, procedió a bloquear la carretera al este de Sachang-*ni* con el fin de proteger la franja costera de Wonsan–Hungnam.[29] Su misión principal se

[26] Harris, *Fighting 65th*, 87. Smith, oficial de Logística (G-4) de Almond, conocía los planes de su jefe y los repoyaba sin reservas, privilegio que usurpaba del hecho de ser yerno de un general.

[27] La necesidad de refuerzos en Corea hacía perentoria la inclusión de la 3.ª división, a la sazón a punto de completar su adiestramiento en Japón.

[28] Conocido así por cuenta de sus 5'6" de estatura, comparativamente baja.

[29] El área de responsabilidad de la división comprendía cuatro sectores. Yendo en sentido horario: al oeste del enclave industrial de Hamhung-Hungnam, conocido como «Ciudad Libertad»* (bajo la responsabilidad de la 1.ª división de la Infantería de Marina), el regimiento 26 del ERC, con sus cuarteles generales en Kogae-*gol*, se extendía hacia el oeste hasta la guardarraya del Octavo ejército y el X cuerpo. Al sur del 26, el 65, acuartelado en Yonghung, seguía el meridiano a lo largo de la guardarraya. Al sur del 65, con sus cuarteles en Togwon, el 15 de infantería cuidaba de Wonsan, donde la 3.ª división también tenía sus cuarteles generales. Finalmente, al norte del 15, con sus cuarteles generales en Kowon, el 7.º ocupaba el largor de la costa, cercando las afueras de Ciudad Libertad.

* Pese a una distancia de ocho millas entre sí, las ciudades independientes de Hamhung y Hungnam contaban cual una sola por

centró en rematar el área ahora que tropas y guerrillas norcoreanas una vez infiltradas quedaron rezagadas a la salida de sus unidades nucleares del puerto marítimo. Para lograrlo, el general creó cuatro grupos de combate a partir de sus regimientos 7.º, 15 y 65 y el recién adscrito 26 del ERC, del coronel Rhee Chi Suh —primera unidad del X cuerpo en encarar (y ser casi aniquilada por) las FCC en octubre.

A ojos de muchos, esta relativamente fácil tarea de algún modo refinaría destrezas embotadas durante años de posguerra en momentos que la 3.ª división se hallaba en un alarmante estado de presteza —por no llamarle *¡un desastre!*, como lo juzgó en su momento el sargento de Estado mayor Robert P. (*Bob*) Wells, de Oregón, adscrito a la 3.ª compañía de policía militar de la misma división.

«El 7.º —recuerda— resultó ser eficiente desde el desembarco, pero el 15.º no fue una ventaja [que digamos, sino que] en ocasiones un lastre».[30] En su primera noche en tierra, un infante del 15 confundió con el enemigo a su líder de pelotón, quien solo verificaba el nivel de alerta de los hombres, y le disparó, matándolo al instante. «En cuanto al 65 —continúa—, estos estaban muy bien adiestrados, bien empleados y podían ocuparse de sus propios asuntos».[31]

---

cuenta de su alta importancia como procesadoras químicas y nucleares durante la ocupación japonesa, con inversiones de $300 millones bajo estos y aun más bajo los rusos. Conocidas hoy como Hamhung-*si* y Hungnam-*si* (*Kanko* y *Konan*, durante el dominio japonés), figuraron en su momento entre las tres mayores ciudades de Corea del Norte.

[30] Bob Wells, carta al autor, 7 de diciembre de 2004.

[31] Wells, carta al autor, 7 de diciembre de 2004. Parte del problema de falta de preparación se debía a la estandarizada (si no obli-

El referido incidente con el 15 motivó al sargento a preguntarle de forma casual a Soule cómo esperaba pelear una guerra con tantas unidades tan pobremente adiestradas. La respuesta del dos estrellas fue enfática y resignada: «En el Ejército uno guía lo que tiene, espera lo mejor y se prepara para lo peor».[32]

Para Harris, un área de responsabilidad de novecientas millas cuadradas resultaba ridículamente grande para patrullar —mucho menos defender— de forma efectiva. Y no se equivocó: a diario se suscitaron cruentos encuentros a lo largo de la franja; por fortuna, los enemigos siempre fueron repelidos.

Las gélidas ráfagas de un 4 de diciembre trajeron algo de «organización» y «dirección» al 65 tras días de marchas sin objetivo dentro de su área de responsabilidad, en cónsona reacción a los cambios de planes que el X cuerpo producía a velocidad de ametralladora.[33] La

gatoria) integración de tropas surcoreanas en unidades del Ejército estadounidense. El programa KATUSA (siglas en inglés para *Agregado coreano al Ejército de los Estados Unidos*) creó un serio problema de comunicación, como en la terminología tecnológica, inexistente en la lengua coreana. El 65, con una asignación de sobre 1,100 agregados a su llegada, había, para su desembarco en Corea del Norte, solucionado el problema de una manera particular: asignando solo un KATUSA por escuadra (de cuarenta a cincuenta en total) y «despachando» el sobrante de vuelta a unidades surcoreanas (Harris, *Fighting 65th*, 64). La presteza del 65 era la de una unidad altamente funcional, a diferencia de sus correligionarios 7.º y 15, cada uno a cincuenta por ciento.

[32] Wells, carta al autor, 7 de diciembre de 2004.

[33] *Cf.* Bailey et al., *Battle Analysis*, 30–34. Este statu quo al que Harris alude como «Operación Media Vuelta» (*Fighting 65th*, 121, 123) obedece a la decisión de MacArthur de tomar control de la 3.ª división para emplearlo frente al Octavo ejército. Si bien en un comienzo aceptó, Almond apeló y obtuvo una rescisión, recuperando

primera orden operacional emitida por Soule, a nombre de Almond, exigía que los puertorriqueños relevasen a la Infantería de Marina a la sazón en retirada, cubriendo la carretera hacia la represa de Changjin, desde Sudong hasta el sur de Hamhung, y protegiéndolas de fuerzas norcoreanas en retirada que venían lanzando ataques diversivos en su intento de evitar que las fuerzas de la ONU alcanzasen a las tropas en marcha.

Reunido en Hungnam por primera vez desde su llegada a Corea del Norte, el 65 recibió las misiones de:

> 1. Preparar puestos de defensa en la línea-fase *Charlie*, cerca de Oro-*ri*, a ocho millas al noroeste de Hamhung, desde la guardarraya de la 7.ª división (*derecha*) hasta la línea-fase *George* en el río Tongsongchon (*izquierda*) (1/65);
> 2. Oponer una gran fuerza enemiga proveniente del norte;
> 3. Asegurar la aldea de Majon, a once millas al norte de la línea-fase *Charlie* (2/65);
> 4. Librar de fuerzas enemigas el trecho de siete millas de la ruta principal de suministros desde Majon-*dong* hasta Sudong (3/65); y
> 5. Proteger la retirada de los cuarteles generales de la 1.ª división de Infantería de Marina de Hagaru-*ri*.[34]

Almond procuraba que la 3.ª división enviase una fuerte avanzada a cubrir Chinhung-*ni*, el punto medio de las cuarenta millas que separaban a Hagaru-*ri* de Hung-

---

la división y cancelando la misión de reconocimiento antes asignada al 65. *Cf.* Clay Blair, *The Forgotten War: America in Korea, 1950–1953* (Nueva York: Times Books, 1988), 509; y Richard W. Stewart, *Staff Operations: The X Corps in Korea, December 1950* (Fort Leavenworth: CGSC, 1991), 6–7.

[34] Harris, *Fighting 65th*, 123–24. *Vid.* mapa en la página 20.

nam; aguardar allí por los infantes de marina que vendrían de las montañas; y repeler el avance chino hasta que los infantes alcanzasen Sudong. Allí, las tropas de 2/65 y el 3/65 se reunirían con las fuerzas en retirada y asegurarían el abordaje de estas en los camiones y trenes provistos para su traslado hasta Hungnam. Conforme los infantes de marina se embarcasen con rumbo a Pusan, las tropas en el perímetro de Ciudad Libertad se retirarían de la línea-fase *Charlie* mediante una serie de acciones de retraso sucesivas hasta evacuar la 7.ª división bajo el fuego de cobertura de la retaguardia de la 3.ª división.

Para ayudar al 65 a lograr su misión, Soule organizó una poderosa fuerza especial dirigida por su auxiliar, el irascible general de brigada Armistead D. (*Red*) Mead, 50, y compuesta por elementos del 3/7, del batallón 92 de artillería de campaña, de los 10.º y 73 de ingeniería de combate y de la 3.ª compañía de reconocimiento y su homóloga 52 de transportación. La fuerza *Dog* habría de servir como una empresa de «caballería al rescate».[35]

Si por alguna oscura razón el papel de tal fuerza ha sido poco celebrado y opacado por el glamor de los infantes de marina durante la retirada, su homóloga *Childs* ha pasado a la historia virtualmente inexistente. La realidad es que *Dog* y *Childs* estaban tan entrelazadas que muchos miembros de la última aun creen que operaron bajo la primera en todo momento.[36] Otra peculiaridad

[35] Soule habría de concentrar el resto de su división entre Chigyong y el aeródromo C-47 en Yonpo, cuatro millas al suroeste de Hungnam.

[36] Nombrada en honor a su comandante táctico, el nebrasqueño George W. Childs, 39, teniente coronel egresado de West Point (1936) y jefe auxiliar del 65 desde 1949, esta fuerza de 1,800 hombres consistía en el grueso de los 2/65 y 3/65, apoyada por unidades de

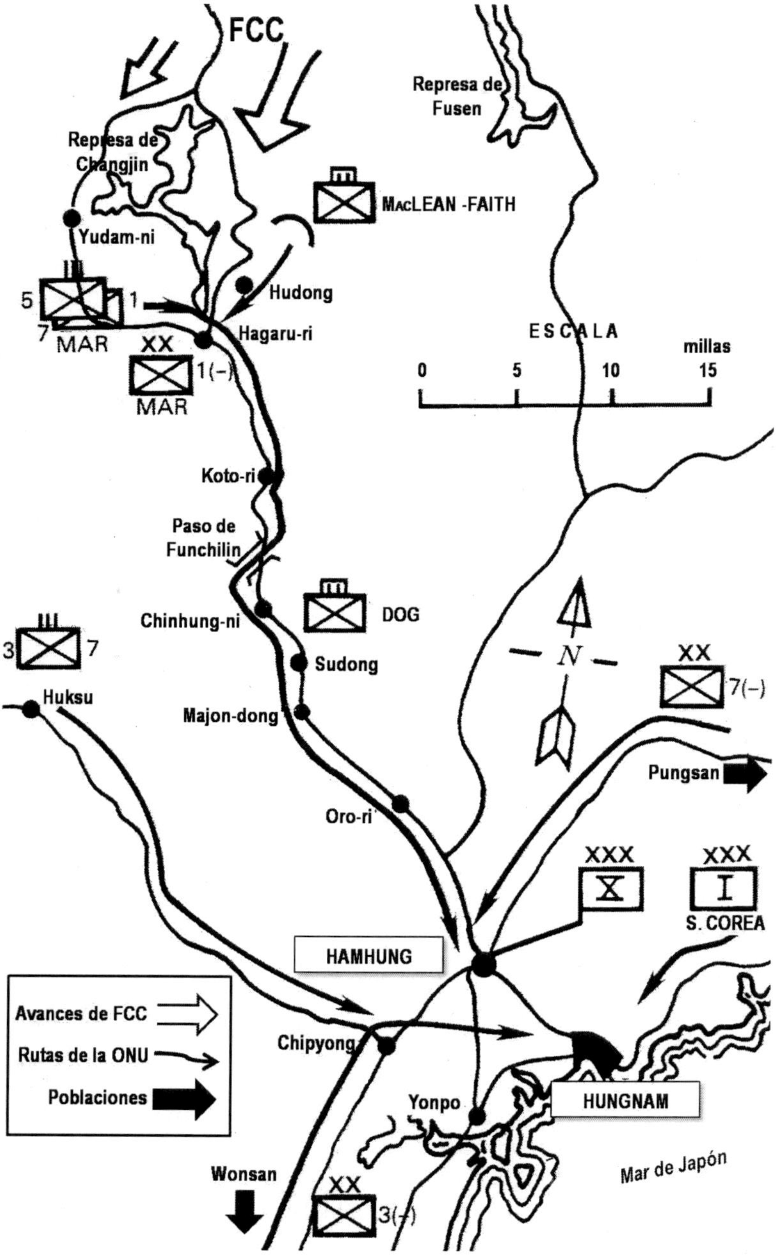

La retirada del X cuerpo desde la represa de Changjin hasta Hungnam (boceto basado en el original de Richard W. Stewart para *Staff Operations: The X Corps in Korea, December 1950* [1991])

que acentúa lo singular de estas fuerzas es su composición étnica: dos tercios negro y uno puertorriqueño.[37] Si jugó o no el racismo un factor determinante en la constitución de ellas, lo cierto es que, con la excepción del 65, las tropas de la 3.ª división eran verdes en cuestiones de combate.

Ambas fuerzas iniciaron la marcha en las horas bajas de un helado 6 de diciembre,[38] encabezadas por el 2/65 de Dammer. Este alcanzó Majon-*dong* a las 2:30 p. m. y aseguró sus carreteras y vías férreas hasta la llegada de la fuerza *Dog*. Relevados in situ, parte del 2/65 se retiró hasta Oro-*ri* para enlazarse con el 3/65 del vermontés Edward G. (*Gerry*) Allen, 36, otrora oficial de Operaciones (S-3) regimental, mientras que la compañía G del 2/65 (*George 65*) dirigía la marcha con rumbo norte hasta Sudong. Desde sus respectivas posiciones a lo largo de una cresta paralela a la carretera de Hamhung, tres

artillería de campaña, ingeniería, de tanques de guerra y de química. En tanto que la misión de la fuerza especial *Dog* consistía en ayudar a los infantes de marina abrirse paso hasta la ruta de retirada, la de *Childs* era defender las alturas enfrente y, más adelante, al oeste de la ruta principal de suministros.

[37] En definitiva, ambas fuerzas se consideraban «negras». Entre *Dog* y *Childs* había cuatro batallones negros (2/65, 3/65, 3/7 y 3/15), sin mencionar que las unidades auxiliares eran en esencia negras. En la actualidad no hay consenso entre los puntos de vista en cuanto al carácter de Almond, pero casi todos los historiadores concuerdan al reconocer la actitud subjetiva del general para con soldados «de color» como resultado del decepcionante desempeño de su división 92 durante la II Guerra Mundial. (El regimiento 442 *nisei* [japoneses-americanos de segunda generación] fue la excepción, destacando como uno de los más condecorados de la II Guerra Mundial.)

[38] Un día antes de que despojase a Kim del derecho a dirigir el epc para quedar bajo el control operacional de los chinos, conforme al telegrama de Mao Tse-tung, 56, del 18 de noviembre.

compañías del 3/65 controlaron varias millas de adyacencias.

«¡Retrocediendo, carajo!»: la infantería de marina avanza en otra dirección

La situación al norte se tornaba más tétrica cada minuto que pasaba. Allan D. MacLean, 43, compañero de clase de West Point de Bill Harris y jefe del 31 de infantería de la 7.ª división, había sido herido y capturado (en última instancia muerto) por las FCC; Donald C. Faith, 32, teniente coronel y jefe del 1/32, se había convertido en otra baja; y la fuerza especial *MacLean–Faith* aniquilada.[39] El heroísmo de estos hombres, no obstante, dista un mundo de haber sido en vano. En medio del sacrificio se logró la virtual destrucción de toda una división china y el paso de 10,000 infantes de marina y soldados a través del resguardo de Hagaru-*ri*.[40]

Carentes de rutas de suministros y rápidamente agotando sus municiones, infantes de marina y soldados siguieron estando expuestos y sucumbiendo al frío extremo conforme divisiones enteras de mejor equipadas y emplazadas tropas comunistas fanáticas los rodeaban. A un lado, el formidable terreno le permitía al enemigo

[39] Tema predilecto entre los historiadores, la retirada del X cuerpo cuenta con una extensa y cada vez más interesante bibliografía. Destacamos, con fines de familiarización y para efectos de la presente obra, la excelente crónica *Breakout: The Chosin Reservoir Campaign, Korea 1950* (Nueva York: Penguin, 2000), del periodista y otrora sargento de infantería de marina, Martin Russ, autor de la no menos cautivadora *The Last Parallel* (1957).

[40] Durante el trayecto, la 25.ª división perderá cinco jefes de combate de alta jerarquía.

aislar al X cuerpo; al otro, las ventiscas parecían despojar a aquellos en retirada de cualquier fuerza y espíritu de lucha que una vez pudieron tener en Changjin. Muchos hombres colapsaban y preferían no moverse más, siéndoles obligatorio a oficiales y sargentos mantenerse cerca y animarles a responder aun bajo ataque. Los rezagados tenían que ser pateados y empujados en ocasiones.

A la sazón que las esperanzas de escapar disminuían, el plan de retirada continuaba según lo acordado. *¿Pero cómo podía haber una retirada sin una retaguardia a la cual retirarse?* Claro que ningún civil conocía ese dato, pero la perturbadora pregunta de un corresponsal de guerra de por qué la retirada llevó general de división de infantería de marina, Oliver P. (*O. P.*) Smith, 57, a responder cándidamente: «Solo avanzamos en una dirección diferente».[41]

Dos de los corresponsales de guerra presentes en Hagaru-*ri* al momento del anuncio fueron la tenaz Marguerite (*Maggie*) Higgins, 31, del *New York Herald-Tribune*, y el aguerrido David Douglas Duncan, 34, fotoperiodista

---

[41] El concepto de retirada era anatema en la doctrina de la Infantería de Marina. Una versión de la respuesta de Smith entraría en la historia de la Infantería de marina como: «*¡Retrocediendo, carajo!* ¡Solo estamos atacando en otra dirección!». (Difícilmente Smith, un cristiano confeso y un caballero —una anomalía en la infantería de marina de entonces—, habría pronunciado respuesta igual.) Hasta el final de sus días el general siguió convencido del ataque en otra dirección. En 1969, en una entrevista con el historiador Benis M. Frank, declarará: «...teníamos una orden operacional bastante completa. No había palabra de retirada en ella. Era una orden de ataque porque estábamos atacando y dimos objetivos a capturar camino de Koto-ri...» («General O. P. Smith Interview», *Chosin Reservoir Korea: November–December 1950*, http://www.chosinreservoir/smithinterview.htm.

de *Life*.[42] Cuando a Higgins se la obligó a abandonar el escenario por cuestiones de género y las horrendas penurias a enfrentar,[43] quedaría de parte del otrora infante de marina Duncan convertir la retirada en el más famoso episodio de la guerra de Corea.

Las fuerzas en retirada partieron de Hagaru-*ri* el 6 de diciembre, parando primero en Koto-*ri*, once millas al sur, para aguardar la entrega por vía aérea de materiales con que tender un puente sobre el abismo de 4,000 pies conocido como el paso de Funchilin. La aldea de Chinhung, más al sur, marcaba la primera mitad de la ruta y el punto de encuentro con elementos de la fuerza especial *Dog*.

Durante el invierno de 1950 —uno de los más crudos registrados en la historia de Corea—, las facciones guerreras soportarían el efecto del frío extremo no solo sobre sí, sino sobre sus capacidades de combate por igual. La congelación resultaría ser tan peligrosa como el mal funcionamiento de las armas. Documentos desclasificados y hoy accesibles al público demuestran que mientras los comunistas encontraron maneras para contrapesar el mal funcionamiento de sus armas, la congelación siguió

[42] Otro corresponsal digno de mención es Max Desfor, 36, fotoperiodista de la Prensa Asociada que, recorriendo el país en un jeep requisado, se dedicó a cazar estampas dignas de su lente. Acompañó brevemente al 65 en su aventura en Oro-*ri*, llamándole la atención que los puertorriqueños empleasen bueyes para trasportar su impedimenta (*vid.* contraportada). Menos de dos semanas antes fue testigo de cómo cientos de refugiados norcoreanos cruzaban el helado río Taedong, cerca de Pyongyang, unos aferrándose a los hierros retorcidos del puente derribado. La foto le merecerá el Pulitzer en 1951.

[43] A diferencia de la vez que Johnnie Walker le vedó la entrada en Pusan y ella apeló a MacArthur, Higgins esta vez obedeció sin protestar.

siendo su mayor enemigo por mucho, resultando ser más letal que la superioridad de las fuerzas de la ONU.

Para los puertorriqueños, la mayoría viendo la nieve por vez primera y soportando un frío inimaginable en su concepto moldeado en los trópicos, el reto de lidiar y sobrevivir les presentó una oportunidad única de manifestar su ingenio. Vestirse en capas compensaba la falta de pertrechos invernal adecuado; cargar sus raciones enlatadas bajo las axilas mantenía la comida caliente y lista para comer; y mantener sus cantimploras bajo la ropa mantenía el agua usable.

Tanto armas individuales como colectivas debían mantenerse secas en la mejor medida posible; un exceso de grasa o aceite sobre ellas después de limpiadas presagiaban trabas o mal funcionamiento. El truco para evitar el encogimiento o rajadura de los tubos de morteros consistía en ponerlos sobre fogones cavados en el suelo y cubrirlos con toldos de lona hasta el momento de su uso. En casos de extrema urgencia, bajo fuego enemigo, se tenía que orinar sobre las armas a fin de descongelarlas para operación inmediata.[44]

Semejante desempeño no escapó a la atención del comandante regimental, quien no por capricho iría patrocinando a sus hombres por doquier como los mejores soldados en toda la península. Alguien no le había estado haciendo justicia al ingenio del soldado puertorriqueño,[45]

---

[44] *Cf.* Harris, *Fighting 65th*, 133–34, testimonio que corrobora la sargento de la Guardia Nacional de Puerto Rico, Margarita Vázquez, a nombre de su padre, miembro del primer grupo del 65 que sirvió en Corea. Interesante a más resulta el hecho de que ninguno sabía de la memoria de Harris. *Vid. et.* Bailey et al., *Battle Analysis*, 12.

[45] Ya un mes antes el *Washington Stars and Stripes* le citó diciendo que sus hombres habían hecho el tipo de trabajo que «debe enorgullecer a la isla. Para muchos de ellos fue su primera acción

cosa que para Harris quedó harto demostrado en las maniobras PORTREX en Vieques en marzo de ese año.[46]

Para el 10 de diciembre la columna había crecido a 15,000 hombres y las hordas chinas venían pisándoles los talones. Por fortuna, fue también ese mismo día que cayó bajo la protección de los elementos de infantería y tanques de guerra de avanzada de la fuerza *Dog* en las afueras de Chinhung-*ni*.[47]

Para aquellos hombres barbudos, hambrientos y entumecidos por el frío «fue maravilloso ver tropas aliadas sobre las cimas», como recuerda un capitán del 31 de infantería.[48] La vista fue mucho más extática al alcanzar el perímetro de la 3.ª división. Allí, tantos como fue posible llenaron a capacidad el centenar de camiones provistos para el rescate e iniciaron el viaje de vuelta a Hungnam; muchos tuvieron que seguir caminando. Para esos que no habían dormido en días, la ordalía quedaba aun por terminar.

Para cuando alcanzaron Sudong, las alturas occidentales de la ruta principal de suministros por las siguientes siete millas al sur habían sido ya aseguradas por la fuerza *Childs*. La ventaja de dos meses en Corea había armado a los puertorriqueños con la astucia al momento de enfrentar a un enemigo tan dependiente de las particularidades del terreno. La táctica empleada para asegurar la ruta fue la «ratonera», consistente en fingir una

---

importante. Están actuando como soldados inteligentes, excelentes y bravos» (9 de noviembre de 1950).

[46] Harris, *Fighting 65th*, 14 ss. En el volumen VII de esta serie discutiremos dicho ejercicio.

[47] *Cf.* Earnest Hoberecht, «Casualties Run High for Marines», *Long Island Star-Journal*, 11 de diciembre de 1950, 1–2.

[48] George A. Rasula, de California, por entonces 28, cit. por Blair, *Forgotten War*, 541.

retirada por las llanadas de un valle, a fin de atraer las fuerzas chinas en persecución, y una vez habiéndolas atrapado, bajar de las colinas en bandada para cercar al enemigo y aniquilarlo a punta de bayoneta.[49] Haciendo esto habían debilitado la presión china lo suficiente para permitir que infantes de marina y soldados se apoderasen de las colinas y cubriesen el paso de sus tanques de guerra y demás vehículos.

«¡Dos batallones!»

Cualquier momento de calma al norte de Sudong se antojaba perfecto para el ocio; a diestra y siniestra, hombres dormitando sentados, de espaldas con algún compañero, acurrucándose entre sí o aferrándose a vehículos encendidos en busca de calor se volvieron escenas irresistibles para el lente de David Douglas Duncan. El fotógrafo gozó a costa de la reinante miseria y se desvivió inmortalizando a sus venerados *leathernecks*[50] en su momento,[51] casi

[49] *Cf.* Lisandro Galiano, «De las represas de Changjin al puerto de Hungnam», en José A. Norat, *Historia del regimiento 65 de infantería* (San Juan: La Milagrosa, 1960), 70–71.

[50] Apodo del infante de marina basado en las bandas de cuero que se solían llevar en el cuello de los viejos uniformes.

[51] Como el infante de marina ensangrentado y sucio que luchaba por aflojar un frijol de una lata congelada; acercándosele, el fotoperiodista le preguntó: «Si yo fuese Dios y hoy fuese Navidad, ¿qué me pedirías?». El joven alzó la vista al amanecer y respondió: «Dame mañana» (*This Is War! A Photo-Narrative of the Korean War* [Nueva York: Harper & Bros., 1951], 144; *cf.* Stanley Weintraub, *A Christmas Far from Home: An Epic Tale of Courage and Survival during the Korean War* [s. l.: Da Capo Press, 2014], 197). La foto es un símbolo de la guerra de Corea.

por completo ignorando a los 1,300 «caras de perro»[52] en la columna.[53] (Sus fotos serían el corazón de un libro a publicarse en 1951 entre cuyas páginas figurará la discordante foto de un pelotón de soldados *«pertenecientes a una unidad de reserva de Puerto Rico»*. ¿Cómo iba a saber que estaba siendo mal informado y que aquellos *«reservistas»* eran en realidad médicos del 2/31, una unidad que trabajó cerca del 65?)[54]

El formidable desempeño del 65, con todo, no pudo garantizar cada pulgada de terreno. Temprano en la noche del 10, elementos chinos cercaron la carretera, deteniendo la columna, infligiendo cerca de veinte bajas entre los infantes de marina y destruyendo nueve camiones. Si bien dos coroneles del ejército lograron romper el bloqueo, la retirada continuó sufriendo percances.

Elementos del 3/7 y de George 65 siguieron repelien-

---

[52] Del inglés *dogface*, apodo del Ejército de la II Guerra Mundial.

[53] Vaya la ironía o paragón de justicia divina cuando el destino dispuso que el Servicio Postal de los Estados Unidos escogiese en 1985 una de las escasas fotos de soldados para confeccionar un sello conmemorativo de la guerra de Corea.

[54] La declaración de Duncan ha causado mucha confusión (y desilusiones) tanto entre miembros como admiradores del 65.* Los soldados en la foto en efecto pertenecían al 2.º batallón del 31 de infantería, unidad a la cual perteneció el hoy jubilado coronel del Ejército, John J. (*Zitz*) Zitzelberger, de Wisconsin, uno de los dos hombres —el segundo, mirando al suelo— captados por el lente de Duncan. Zitz libró una lucha de más de dos décadas para que se le hiciese justicia, llegando, como último recurso, a contratar los servicios de la reconocida y galardonada artista forense Lois Gibson, la misma que identificase como Glenn McDuffie al marinero que besa a la enfermera en la icónica foto tomada en Times Square en 1945. Pero la historia de esta disputa será tema a discutir en otro momento.

* *Vid.*, *e. g.*, sendas cartas sin título de R. C. O'Connor y George Goldstone publicadas en la sección «Letters to the Editor» en *Watch on the Rhine* (82, n.º 5 [2001], 10; y 82, n.º 6 [2001], 10).

do ataques chinos durante la noche. No habiendo bien el último grupo de tropas en retirada cruzado los puestos de defensa de George 65, los más norteños, la compañía recibió órdenes de retirarse y servirle de retaguardia al grueso en Majon-*dong*.

La orden de cubrir la retirada de la compañía a su vez recayó en el pelotón del sargento primera clase Félix G. Nieves, 36, con la propia escuadra de Nieves cubriendo la retirada del pelotón. Apenas el mismo completaba su retirada, les sorprendió un fuerte ataque enemigo. Nieves ordenó el retiro absoluto de sus hombres mientras él defendía el puesto, bajo fuego de ametralladoras y armas livianas, logrando matar dieciocho chinos antes de que la fuerza restante huyese en desbandada y ello le permitiese a la escuadra de Nieves alcanzar la seguridad de la columna. La intrepidez del veterano sargento salvó la vida de muchos de sus compañeros.[55]

Conforme esas acciones tenían lugar, los últimos elementos de la Infantería de Marina y el Ejército en Majon-*dong* abordaban trenes y camiones para comenzar el último recorrido del viaje. Los puertorriqueños se desprendían de cuanta comida pudiesen dispensar: misceláneas de raciones enlatadas como jalea, galletas, mostaza, frutas y surtidos. Para más de un alma famélica, una galleta embadurnada de mostaza tenía el mismo efecto del más opíparo de los manjares. Las tropas en retirada no pudieron estar más agradecidas por aquellos gestos de camaradería que sobrepasaban las diferencias de armas de servicio.

Cuenta la anécdota del hormiguereño Lisandro Galiano Toro, 31, sargento y ocasional colaborador de *El Mundo*, que cuando un oficial de infantería de marina

[55] Harris, *Fighting 65th*, 126–27.

preguntó cuántas divisiones habían ido por ellos y la respuesta fue, «Dos batallones del sesenta y cinco; puertorriqueños», su reacción fue un incrédulo, «*¡Dos batallones!* ¡Pero si pelean tan bien como nosotros!». Pese a su revés, los infantes conservaban su tradicional orgullo.[56]

Los ataques nocturnos continuaron durante la semana a lo largo de la ruta. A la medianoche del 11, elementos de la compañía B del 1/65 (*Baker 65*) enfrentaron y repelieron una fuerza de 300 activos en Oro-*ri*, al norte de la línea-fase *Charlie*. Los chinos contraatacarían a las cuatro noches, forzando a la Baker 65 a retroceder a terreno más alto. En el proceso, el comandante de la compañía cayó herido, rezagándose y rehusándose a ser evacuado del territorio. Sin importarle su propia seguridad, un joven cabo regresó por él; y no habiendo bien el cabo regresado su oficial a la seguridad de la compañía, artillería y morteros aliados empezaron a aporrear las inmediaciones de los puestos de Baker 65. El cabo una vez más se ofreció a cruzar tierra de nadie a fin de alcanzar un puesto de mando aliado y detener los ataques.[57, 58]

---

[56] *Cf.* Galiano, «De las represas» (Norat, *Historia*, 70). Mayor habría sido la sorpresa del infante de marina de haber sabido que Harris en su momento rechazó la oferta de ayuda que O. P. Smith le hiciese (*Fighting 65th*, 88).

[57] *Vid.* William J. Dorvillier, «Hazañas personales: muchos miembros del regimiento 65 se destacan [*sic*] individualmente» (Norat, *Historia del 65*, 72–73). El sanlorenceño Cristóbal Meléndez Claudio, 24, ascenderá de cabo al rango de sargento maestre antes de la partida de Harris en 1951 y recibirá una Estrella de Bronce por valor y una por servicio meritorio en los catorce meses que sirvió en Corea (HQs 3d Inf Div G. O. 25, 29 de abril de 1951).

[58] Esto fue un simple ejemplo del arrojo puertorriqueño. Esos oscuros días vieron el nacimiento de muchos héroes. Desde las altas esferas —como el coronel Childs, cuya conspicua valentía e incansable

Infantes de marina y soldados siguieron su marcha con rumbo sur bajo la protección de los puertorriqueños, en todo momento esperando defender el sector de Ciudad Libertad antes de que acabase la ordalía. A la sazón, muchos ignoraban que el plan de embarcar al X cuerpo estaba ya en efecto. Aun cuando los comunistas no interfirieron con la retirada en este punto, la amenaza que representaban obligó a un bombardeo por fuego naval y aviones de la Infantería de Marina y la Marina de Guerra despachados desde portaaviones en el mar de Japón. El aeródromo C-47 proveyó fuego aéreo adicional.

La evacuación

Con la llegada de los primeros elementos a Hungnam entre el 10 y el 11,[59] el X cuerpo empezó su épica evacuación con rumbo a Pusan. Su meta era efectuar una salida ordenada de personal, equipo y suministros y ciertos refugiados civiles. Poco equipo habría de dejarse atrás, a diferencia de la evacuación de Okinawa en 1945. Parte de los trofeos incluía algunas piezas rusas de 76 mm capturadas a la huida del EPC. Hasta vehículos averiados

energía estimularon moral y contribuyeron a la victoria durante los cinco días que su fuerza operacional estuvo bajo fuego hostil (HQs 3d Inf Div G. O. 27, 30 de enero de 1951)— hasta los escalones bajos —como el riflero aguadillano Arthur D. Cirino Rivera, 21, quien, exponiéndose a intenso fuego enemigo a fin de verificar campos de fuego y dirigir puestos de fuego, cumplió sus labores de operar una radio y aseguró el rescate de los puestos de su compañía (Dorvillier [Norat, *Historia del 65*, 73]). Cirino Rivera recibirá la Estrella de Plata póstumamente por acciones similares en Chunchon el 4 de febrero de 1951 (HQs 3d Inf Div G. O. 133, 23 de abril de 1951).

[59] Las fuerzas *Dog* y *Childs* fueron inactivadas por entonces.

serían rescatados y sacados.[60]

En lo personal, la evacuación constituyó una victoria para el general Almond, en contraste con el desbarajuste que plagaba al Octavo ejército desde la intervención china, primero con la virtual destrucción de dos regimientos surcoreanos a manos de la brigada turca y luego con la casi similar suerte de los turcos ante las FCC en el paso de Kunu-*ri*.[61]

En cuanto a los refugiados, Almond se esforzó por cumplir su palabra de embarcar cuantos le fuese posible una vez se descartó la opción de una evacuación por tierra;[62] de los sobre 180,000 que esperaban ser evacuados, solo la mitad saldría.

La primera unidad del X cuerpo a embarcarse sería la

---

[60] Un corresponsal testigo no pudo mejor describir el escenario: «Los soldados apenas dejaron algo en el devastado Hungnam excepto un sardónico rótulo: 'NO QUEREMOS EL MALDITO LUGAR DE TODOS MODOS'» («The Enemy: Poor Showing», *Time* 57, n.º 2 [1951], 17).

[61] Primero con la virtual destrucción de dos regimientos surcoreanos a manos de la 1.ª brigada turca y luego con la casi similar suerte de los turcos ante las FCC en el paso de Kunu-*ri* entre el 26 y 27 de noviembre, en medio de la Batalla del Chongchon, la más decisiva del Octavo Ejército en Corea del Norte en la parte final del año. Los sobrevivientes turcos y surcoreanos alcanzarían las líneas de la 2.ª división estadounidense tras grandes pérdidas humanas y de equipo, para enfrentar mayores retos a lo largo del valle.

[62] La decisión de evacuar civiles fue un gesto humanitario de Almond, entendiendo que el proceso no interferiría con el programa. «Cuando mi abuelo hablaba de sus experiencias en tres guerras —recordó Fergusson durante una presentación especial del filme coreano *Ode to My Father* (국제시장 [*Gukjesijang*]) (2014) para veteranos de Corea en Virginia a comienzos de 2015—, creía que la evacuación de Hungnam fue el más significativo logro entre cualquier otra operación» (Sohn JiAe, «'Ode to My Father' Moves Korean War Veterans», *Korea.net*, 23 de febrero de 2015, http://www.korea.net/NewsFocus/People/view?articleId=125780).

división de infantería de marina —una prioridad dictada por la escalofriante tasa de 10,500 bajas desde su llegada a Wonsan—,[63] con la cobertura de las divisiones del Ejército a lo largo del sector Hamhung-Hungnam, la 3.ª tomando el lado izquierdo y la 7.ª el derecho.

Entre los días 11 y 14, los infantes de marina abordarían veintiocho naves que, el día 15, zarparían con rumbo a Pusan en medio de una tormenta de publicidad. Les seguiría el I cuerpo ERC, con rumbo a Mukho, justo debajo del paralelo 38; luego la 7.ª división, con 2,100 hombres menos, bajo el fuego de respaldo de la 3.ª y de una formidable fuerza de 600 cazas y bombarderos que aporreaban los probables puestos enemigos en los contornos del reducido perímetro.[64]

La concentración de fuego estadounidense —cañones de autopropulsión, obuses, morteros pesados y armatostes poniendo tremendo peso en metal por milla de frente— achicaba cualquier otra acción hasta entonces vista en Corea. En la costa, los acorazados de la Séptima flota lanzaban su propia barrera de artillería. Infantes de marina veteranos de la II Guerra Mundial compararon el asunto con Iwo Jima; veteranos del Ejército, con un «Anzio al revés».[65]

---

[63] Cuarenta por ciento en combate y sesenta por ciento por razones no relacionadas (clima, accidentes, error humano, etc.).

[64] Este apoyo aéreo consistía en escuadrillas de la Fuerza Aérea, Marina de Guerra e Infantería de Marina con napalm, cohetes, bombas y ametralladoras.

[65] *Cf.* Stan Swinton, 31, veterano de Anzio y corresponsal de guerra en Corea: «Las carreteras estaban abarrotadas, al igual que el puerto. Los norteamericanos están atrincherados en las llanuras. Los puestos de mando distan minutos» («Korean War», *Citizen-Advertiser*, 13 de diciembre de 1950, 4). *Cf.* «Battle of Korea: 'Anzio in Reverse'», *Time* 57, n.º 1 (1951), 17. *Vid. et.* «Chinese Unleash Beachhead

En un período de veinticuatro horas, el poderío combinado cobró sobre 2,600 bajas chinas, obligando a las desmoralizadas FCC a enviar tropas del EPC reagrupadas a la lucha. Para finales de la semana fueron estas las que cargaron con la peor parte. (Los prisioneros decían que cada vez que los comunistas se formaban para lanzar ataques en masa eran dispersados por la artillería o el fuego aéreo. A raíz de ello, las acciones enemigas se redujeron a simples ataques de sondeo.)[66]

A estas alturas, los comunistas, encaminados a un mal final, desperdiciaron excelentes oportunidades de arruinar la operación del X cuerpo. «Sabían todo sobre nosotros —reflexionará O. P. Smith—; dónde estábamos y qué teníamos. Pero sigo sin entender sus tácticas. En vez de golpearnos con todo en un solo lugar, siguieron haciéndolo en diferentes lugares».[67]

Fuese por carecer de movilidad, equipo, juicio táctico o una combinación de estos y otros factores, una vez establecido el perímetro de Hungnam, el enemigo pareció incapaz de explotar su mayor ventaja: el recurso

---

Drive», *Philadelphia Inquirer*, 15 de diciembre de 1950, 1–2; y «Big Mo's Guns Join Curtain of Fire Shielding Harassed 10th Corps Units: Chinese Red Assaults Held at Bay by Fiery Naval Bombardment», *Evening Leader*, 18 de diciembre de 1950, 1.

[66] «Allied Forces Desert Hamhung; Chinese Hordes Pound Defenders at Beachhead around Hungnan Port—City Wrecked before Evacuation», *Citizen-Advertiser*, 16 de diciembre de 1950, 1, 3.

[67] «Poor Showing», 17. *Cf.* Almond:

> En esta operación no tuvimos el elemento sorpresa de un desembarco anfibio. El enemigo, que nos superaba en números, podía fácilmente averiguar qué camino tomaríamos y más o menos cuándo lo haríamos. Solo había una manera de salir: por el puerto de Hungnam. («Tactical Secrets of Hungnam Sea Evacuation Revealed», *Binghamton Press*, 28 de diciembre de 1950, 19)

humano. «La única ventaja que tienen en esta bendita tierra es números», recuerda Smith.[68] Al final, sufrieron bajas hasta cinco veces mayores que las de las fuerzas estadounidenses.[69]

Si bien la evacuación de Hungnam parecía tomar más tiempo de lo esperado, Almond no podía estar más complacido; la operación estaba rindiendo los resultados esperados: marchaba a perfección, permitiendo una salida ordenada y enseñando a chinos y norcoreanos cómo lucía, sonaba y se sentía el fuego estadounidense en masa; sobre todo, estaba acabando con muchos comunistas.

Los ataques enemigos reanudaron en las horas bajas del día 22 mientras los tres regimientos de Soule cubrían, en la segunda línea-fase (también llamada *Dog*), el embarco de las últimas unidades de artillería del X cuerpo y las primeras unidades auxiliares de la 3.ª división. El grueso del ataque cayó sobre el 1/65 del oestevirginiano egresado de West Point, Howard B. St. Clair, 34.[70]

A diferencia de ocasiones anteriores en que tropas comunistas, equipadas con cascos y ropaje invernal estadounidenses, atacaron a nivel de compañía, el enemigo recurrió a una táctica que los hijos de Borinquen conocían bien: *la guerra sicológica*. Nada podía ser más aterrador que grandes números (2,500) y cánticos

---

[68] «Poor Showing», 17.

[69] Pese a su decepcionante desempeño, el Noveno grupo del epv recibiría el reconocimiento de Mao Tse-tung, conciente este de que los hombres habían completado «una gran tarea estratégica en condiciones en extremo difíciles» (*cf.* Edwin H. Simmons, *Frozen Chosin: U. S. Marines at the Changjin Reservoir* [Washington, D. C.: USMCHC, 2002], 124).

[70] *Cf.*, *e. g.*, Tom Lambert, «Last Days of Hungnam Told by Eyewitness; Yanks Crunch Thru Ice to Landing Craft», *Chicago Tribune*, 26 de diciembre de 1950, 5.

ruidosos y sonidos de clarín y de tambores.[71] El rosicler halló un millar de cuerpos chinos desparramados por el suelo helado, unos muertos y otros heridos. Pese a las inclementes barridas de ametralladoras y lluvias de proyectiles y bombas por cortesía de la artillería de campaña y acorazados en las costas, las fuerzas comunistas mantuvieron su presión durante el resto del día. Al anochecer, las bombas y bengalas que iluminaban la escena fueron el único modo práctico de contrarrestar el fastidioso hábito del enemigo de atacar de noche.[72]

La evacuación del X cuerpo permitió que el perímetro se encogiese a no más de diez millas en torno del puerto para el día 23, cuando la 3.ª división mantenía la última línea-fase en preparación para la retirada final. Solo una pequeña cantidad de fuego de mortero y artillería enemigo aporreaba a las tropas en el perímetro ahora, pero eso no evitó que la división llevase a cabo sus tareas de demolición alrededor de Ciudad Libertad, el aeródromo C-47 y adyacentes vías férreas, almacenes, puentes y atracaderos.

. . .

[71] *Cf.* Galiano, «El 65 en Corea: Borinqueños hacen huir al enemigo usando las mismas tácticas de este» (Norat, *Historia*, 81). En su momento se hablaría de chinos atacando con granadas de gas; pero nunca se corroboró (*vid.*, *e. g.*, «Reds Reported Using Gas Grenades; Foe Presses Thrusts at Defense Arc; Elevation Regained from North Korean Troops Overlooks Hungnam Escape Port», *Buffalo Courier Express*, 21 de diciembre de 1950, 1; «Poison Gas in Use by Reds Unconfirmed», *Binghamton Press*, 21 de diciembre de 1950, 7; y «Chinese Did Not Use Gas; Official Denial Given to Report», *Townsville Daily Bulletin*, 22 de diciembre de 1950, 1).

[72] *Cf.*, e. g., Harris, *Fighting 65th*, 74, 75, 125.

Columnas de humo

Conforme esto ocurría, el 65 ocupaba un perímetro de defensa más ceñido en torno del puerto. Una inesperada pero bien acogida calma en el sector el día 22 permitió la celebración de una modesta ceremonia de premiación en la que George Childs, así como varios hombres, fueron reconocidos por el propio Shorty Soule. Félix Nieves, además de una Estrella de Plata por sus acciones en Sudong, obtuvo un halago especial de parte del general.[73]

También estaría allí Ned Almond con sus acostumbradas premiaciones de impacto,[74] reconociendo por medio de una Estrella de Plata a Harris el esfuerzo del 65. El coronel la aceptó con ojos lagrimosos y a nombre de sus hombres, lamentando no poder romperla en pedazos y poner un pedazo sobre el pecho de cada uno de ellos y sobre las tumbas de los que habían dado la vida.[75]

La división recibió sus órdenes de retirada el día 24. Por entonces el puerto era un barril de pólvora, más literal que proverbialmente, con sus perímetros alineados de vagones de tren repletos de explosivos. Un movimiento en falso habría volado a toda la división del Marne hasta el quinto cielo.

---

[73] Harris, *Fighting 65th*, 135–36. En 1951 recibirá la segunda (HQs 3d Inf Div G. O. 148, 17 de mayo de 1951).

[74] Entiéndase premiaciones (medallas) sin órdenes acompañantes al momento de su presentación.

[75] *Vid.*, *e. g.*, «En el Lejano Oriente: el 65 fué, vió y aún sigue venciendo en Corea» (artículo anónimo de *El Mundo* reproducido en Norat, *Historia*, 67–68); y Eliseo Combas Guerra, «Ex comandante del 65: general William Harris se retira» (*ibid.*, 117); sobre la Estrella, HQs X Corps G. O. 72, 1950.

Los asuntos finales detrás de las últimas dos líneas-fase, *Dog* y *Fox*, dispusieron que el 7.º de infantería cubriese el flanco izquierdo, el 65 el centro y el 15 el derecho. El orden de retirada, una vez los cuarteles generales de la división embarcasen su equipo pesado y municiones, dictaba que el 7.º se embarcaría a las 12:30 p. m., seguido por el 15 de infantería y, por último, el 65. Retirarse con dos unidades contiguas le impuso al 65 una difícil tarea, dado que un flanco expuesto le abría una puerta al enemigo. Por consiguiente, el 1/65 y el 3/65 retrocedieron hasta el área designada como Playa Azul, ocupada por el 2/65, cuya retirada se efectuaría minutos después de la partida de la fuerza de respaldo del 15.[76]

Sabiendo su situación precaria, los comunistas se abandonaron a atacar con renovadas fuerzas y en total indiferencia por el alto precio a pagar. Era el enemigo a un lado y el mar al otro; el asunto tuvo un aire romántico en los acorralados puertorriqueños: bayonetas, piedras, puños y *jiu-jitsu boricua*... todo valió cuando el enemigo —en casos extremos llevando la lucha a orillas del mar, sobre los arrecifes— recurrió a espadas, garrotes o nada más que su propio cuerpo, escenificando una bizarra es-

[76] El plan operacional que cubría la retirada del 65 dictó que el 1/65 y el 3/65 retrocediesen de la línea-fase *Charlie* hasta la *Tare* y aguardasen allí hasta que el 2/65 los rebasase y tomase sus puestos en la *Mike*. El 2/65, a su vez, mantendría ese puesto a fin de proteger los desplazamientos del 1/65 y el 3/65 hasta la *Peter*, desde donde, una vez más, ambos batallones cubrirían el desplazo del 2/65 hasta la *Able*, y consecutivamente. Conforme la presión enemiga aumentaba, una revisión del plan dictaría que el 1/65 y el 3/65 se mantendrían en *Tare* mientras que el 2/65 cruzaba *Mike* hasta *Peter*; entonces el 1/65 y el 3/65 los rebasarían hasta *Able*. Al final, todos los elementos del 65 se moverían hasta *Fox*, la principal línea-fase de resistencia (Harris, *Fighting 65th*, 121 [mapa], 128–29).

tampa que habría humillado al más imaginativo guionista de Hollywood. Para el veterano José F. Rodríguez, por entonces técnico de comunicaciones y testigo presencial de la refriega, la única manera de salir era por barco. «Abrimos el camino para que pudieran salir».[77]

Fuego naval cubrió la retirada. Esto significó otra difícil maniobra, puesto que si un solo proyectil caía corto de su objetivo (las colinas en torno del área de los atracaderos), la única unidad hispana del Ejército estadounidense habría dejado de existir. Para las 1:30 p. m., bajo el fuego de cobertura del 2/65, todos los elementos habían abordado los lanchones y transbordadores. Un total de cuatro naves sacó al regimiento: dos el personal y dos el equipo.

Oleada tras oleada, los lanchones transbordaron a los apabilados hombres hasta los navíos que los esperaban.[78] Dos de esos hombres fueron el barranquiteño Lupercio Ortiz Aponte, 37, y el sanjuanero Julio Guzmán, 26, sargento maestre y cabo, respectivamente, los últimos soldados en abandonar la cabeza de playa, habiendo provisto operaciones de cobertura con una ametralladora en una loma aledaña.[79] Como muchos, tuvieron que ser ayudados a escalar las mallas de los navíos. «Aun en el barco que iba a sacarnos de allí —relata el desaparecido sargento maestre jubilado Norberto Cartagena—, tuvimos que seguir disparando. Los chinos y los norcoreanos

---

[77] Leslie Donaldson, «Remembranzas del conflicto de Corea», [*San Juan*] *Star*, 23 de abril de 2000, 5–6 (publicado simultáneamente en inglés como «Recalling 65th Infantry's Triumphs, Tragedies»).

[78] Los USS *General H. B. Freeman* y *Henrico* y los SS *Hunter Victory* y *Carleton Victory*.

[79] *Vid.*, *e. g.*, «Allies Quit All No. Korea; Sabres Beat Reds in 50-Plane Melee», *Brooklyn Eagle*, 30 de diciembre de 1950, 1; y «Salvage Guns and Ammunition», *Daily Iowan*, 4 de enero de 1951, 5.

ya estaban en el muelle».[80]

El reloj marcaba las 2:30 p. m. cuando el grupo de mando de Harris se embarcó en el último lanchón con elementos del 2/65. «Hasta donde sé —escribirá tres décadas más tarde—, fuimos los últimos en abandonar el área».[81]

---

[80] Albor Ruiz, «Viequenses Deserve Our Full Support», *New York Daily News*, 8 de junio de 2000, 2.

[81] Harris, *Fighting 65th*, 130. *Cf.* «En el Lejano Oriente» (Norat, *Historia*, 68). El asunto sobre qué regimiento fue el último en evacuar la cabeza de playa ha sido harto debatido por veteranos de ambos regimientos (15 y 65). Bob Wells, a la sazón a cargo de un destacamento de diez policías militares asignado a proteger al 65 durante este período, recuerda:

> No puedo atestar el minuto en que cualquier regimiento embarcó sus últimas tropas, pero te diré la verdadera historia del 65. Le tomó mucho tiempo al 65 cargar los botes porque tenían que ser canalizados con cuidado entre los carros de tren abarrotados con explosivos para hacer volar el muelle de piedra. Cuando las últimas unidades estaban camino del APA *Henrico*, el coronel Harris y su pequeño grupo bajaron hasta [un] lanchón y yo fui uno del grupo. Cuando alcanzamos las empinadas escalas del *Henrico* me fue muy difícil subir con todo mi equipo... hasta la cubierta. Un oficial me ayudó a subir por la baranda y me llevó con todo cuanto pudiese cargar hasta una litera abajo. Aquí está la parte significante. Soltamos todo mi equipo y regresamos a cubierta PORQUE [*énfasis en el original*] todo el puerto estaba siendo volado en pedazos ante nuestros ojos. Esto fue minutos después de que subiésemos a bordo. ¡Fue una vista inolvidable y nos dijo que estábamos a salvo de veras! Mientras estábamos allí a la baranda, el acorazado *Missouri* pasó cerca por babor conforme se alejaba de la bahía. Si alguien del 15 abandonó tierra después de nosotros, debió haber tenido un bote de alta velocidad para escapar de aquella explosión. Esto es solo una opinión. (Carta al autor, 6 de enero de 2005; *cf.* Wells, «Ship of Miracles: Remembering the *Meredith Victory*», *Watch on the Rhine* 82, n.º 4 [2001], 16)

A las 2:37 p. m. la flota giró con rumbo sur, poniendo a sus popas un puerto que se hundía en el océano en medio de una columna de humo que parecía alcanzar el cielo.

Un villancico de Navidad borinqueño

Pasadas ya la exaltación y anticipación nerviosa, el 65 se preparó para disfrutar la más memorable Nochebuena que muchos tendrían. Le había probado a los más reacios escépticos que el infante puertorriqueño era de armas tomadas. Se había ganado un lugar de honor en la historia de la Infantería de Marina, había sobrevivido el invierno coreano en su crudeza y había salvaguardado la mayor evacuación marina desde la II Guerra Mundial.

La evacuación total conllevó más de 190 carguíos en ciento nueve naves. Dos ejércitos chinos (casi 38,000 hombres) fueron aniquilados por el X cuerpo y/o por el clima. Sobre 3,600 heridos y 200 vehículos fueron sacados por movimiento aéreo.

Veinte toneladas de explosivos dieron cuenta de Hungnam. Al juicio de un experto en demoliciones, cualquier intento de reconstrucción podría tomar de tres a seis meses. En la opinión de Harris, la empresa en general constituyó «un milagro logístico y estratégico».[82]

A bordo del *Freeman*, los guerreros fueron agasajados cual huéspedes de honor. Tras disfrutar sus primeros duchazos y comidas calientes en meses, tuvieron mucho que agradecerle al Niño Dios. Bill Harris, por su parte, elogió a sus muchachos por tan incomparable desempeño, reiterando su completa e inmutable confianza en su

[82] Harris, *Fighting 65th*, 132.

habilidad de lucha.[83] ¿Pero qué mejor que las palabras de un testigo presencial para galvanizar la estampa?

> Mientras tanto, el puerto había sido volado con descargas de dinamita. Las baterías navales daban cuenta de los chinos. Más de seiscientos aviones acosaban a los rojos en las áreas donde se suponía estaban atrincherados. El convoy de barcos se abría paso hacia Pusán. Se anunció que habría Misa de Gallo y todos esperamos hasta la medianoche. En el lujoso salón de recreo se reunieron centenares de boricuas ávidos de purificar su alma. El padre Ryan, capellán católico del regimiento, dio gracias a los oficiales del barco por lo bien que nos habían acogido y por brindarnos las comodidades que en otras circunstancias no serían accesibles a las tropas. La misa fue solemne. Los puertorriqueños cantamos «Noche de paz» en español, y los continentales «Adeste Fideles» en inglés. Fue una verdadera Nochebuena. Al otro día, 25 de diciembre, se nos ofreció un almuerzo especial de Navidad, cuyo plato principal fue el sabroso pavo asado. El comedor estaba decorado con arbolitos de Navidad y colores de la ocasión. Había paz en las almas. Los cuerpos estaban descansados... Dimos gracias a Dios por habernos concedido la felicidad de unas Pascuas tranquilas.[84]

. . .

[83] *Ibid.*, 136–37.

[84] Galiano, «De las represas» (Norat, *Historia*, 71); gramática y ortografía revisadas. *Vid. et.*, *e. g.*, «Chaplain Tells of Evacuation on Christmas Eve: Father Ryan Describes Scenes of Warfare in Korea», *Times Record*, 8 de enero de 1951, 9–10. Lawrence E. Ryan fue el primer párroco de Troya, Nueva York, que sirvió en las fuerzas armadas.

Epílogo

El influjo de tropas en Pusan abrumó en un inicio la capacidad del puerto,[85] pero para Año Nuevo la 3.ª división estaba sobre tierra firme y lista para asumir nuevas responsabilidades bajo el I cuerpo del Octavo ejército; los airosos borinqueños, para mayores retos y triunfos en la tierra de la mañana calma.

[85] Los refugiados fueron destinados en Goje-*do*, la isla prisión de la ONU, por falta de espacio en Pusan.

Bibliografía

Appleman, Roy E. *South to the Naktong, North to the Yalu (June–November 1950)* (1961). CMH Pub 20-2-1. Washington, D. C.: U. S. Army Center of Military History [USACMH], 1992.

---. *Disaster in Korea: The Chinese Confront MacArthur* (1989). Texas A & M University Military History Series 11. College Station, Tx: Texas A & M University Press, 2009.

«Asia—I. A General War?». *Quick*, 13 de noviembre de 1950, 3.

Bailey, Claud, Jr., Walter J. Cunningham, Jr., Clarence T. Ebbinga, Luis J. Hincapie Forero, James W. Stone, Raymond L. Bandel, William J. Drake, Terry L. Garrett, Young C. Lim, Raymond E. Watford, Jr., y John S. Westerlund. *Battle Analysis: 3d Infantry Division, Wonsan, Korea (November 1950): Rear Area Security.* Fort Leavenworth: Command and General Staff College [CGSC], 1984.

Bin Yu. «China's Conflict Behavior in Korea Revisited: Implications for East Asian Security». *International Journal of Korean Studies* (2001): 71–95.

Blair, Clay. *The Forgotten War: America in Korea, 1950–1953* (1987). Nueva York: Times Books, 1988.

Boynton, Mack M. «The Day We Blew Up Hungnam». *Fifties Frogs* 16, n.º 1 (2010): 3–5.

Bremer, August W., Jr. «Chinese Communist Intervention in the Korean War: Miscalculation or Provocation?». Tesis, CGSC, 1987.

Burson, William. «Fighting 65th RCT Hits Isolated Enemy, Mops Up». *Pacific Stars and Stripes*, 30 de noviembre de 1950, 6.

Central Intelligence Agency. «Daily Korean Summaries» (10 de octubre de 1950 a 20 de enero de 1951). http://www.ibiblio.org/korean-war-cia-foia-releases/1950/DailyReports/1950-10-10.pdf.

Cohen, Eliot A. «Only Half the Battle: The Chinese Intervention in Korea, 1950». *Studies in Intelligence* 32, n.º 3 (1988): 49–66.

Cowart, Glenn C. «Christmas Eve: The Last Day at Hungnam». *Watch on the Rhine* 82, n.º 3 (2001): 22–23.

«Douglas MacArthur to Harry S. Truman, with Draft Letter to MacArthur by George Elsey, October 30, 1950». *Harry S. Truman Library and Museum.* http://www.trumanlibrary.org/whistlestop/study_collections/koreanwar/documents/index.php?documentdate=1950-10-30&documentid=mafirem44-1&pagenumber=1.

Duncan, David Douglas. *This Is War! A Photo-Narrative of the Korean War*. Nueva York: Harper & Bros., 1951.

Fehrenbach, T. R. *This Kind of War: The Classic Korean War History* (1963). Washington, D. C.: Brassey's, 1994.

Figueroa Soulet, Noemí, y Raquel Ortiz, dir. *The Borinqueneers*. Nueva York: El Pozo Productions, 2007.

General Headquarters, Far East Command, United Nations Command. Command Report, November 1950 (1951).

---. Command Report, December 1950 (1951).
---. Military Intelligence Section, G-2. *History of the North Korean Army* (1952).
Gimbert, Robert A. *X Corps Logistics during Eighth Army Offensive of 1950*. Carlisle Barracks: U. S. Army War College, 1986.
González Vales, Luis E. «Honor et Fidelitas». *Officer Review* 50, n.º 4 (2010): 10–15.
Gough, Terrence J. *U. S. Army Mobilization and Logistics in the Korean War: A Research Approach*. CMH Pub 70–19. Special Publications. Washington, D. C.: USACMH, 1987.
Hao Yufan y Zhai Zhihai. «China's Decision to Enter the Korean War: History Revisited». *China Quarterly* 121 (1990): 94–115.
Harris, W. W. *Puerto Rico's Fighting 65th U. S. Infantry: From San Juan to Chorwan* (1980). San Rafael: Presidio, 2001.
Hausrath, Alfred A., David S. Fields y Richard C. Sheldon. *Integration of ROK Soldiers into US Army Units (KATUSA). RAC* Pub ORO-T-363. Bethesda: Operations Research Office, Johns Hopkins University, 1958.
Haynes, Justin M. «Intelligence Failure in Korea: Major General Charles A. Willoughby's Role in the United Nations Command's Defeat in November, 1950». Tesis, CGSC, 2009.
Heinl, Robert D. *Victory at High Tide: The Inchon–Seoul Campaign* (1968). Anápolis: Nautical and Aviation Publishing, 1979.
Headquarters IX Corps, G-2 Section. *Enemy Tactics, Techniques, and Doctrine* (s. f.).
Headquarters X Corps. War Diary, Monthly Summary, 1 October–31 October 1950: Wonsan–Iwon Landings (1950).

———. Command Report: Special Report on Chosin Reservoir, 27 November–10 December 1950.

———, G-2 Section. Periodic Intelligence Reports 61–75 (26 de noviembre a 10 de diciembre de 1950).

Hunt, Michael H. «Beijing and the Korean Crisis, June 1950–June 1951». *Political Science Quarterly* 107, n.º 3 (1992): 453–78.

Ickes, Harold L. «MacArthur Home for Christmas». *New Republic* 123, n.º 26 (1950): 17.

Knight, Peter G. «'MacArthur's Eyes': Reassessing Military Intelligence Operations in the Forgotten War, June 1950–April 1951». PhD diss., Ohio State University, 2006.

Leary, William M. *Anything, Anywhere, Any Time: Combat Cargo in the Korean War*. Korean War Fiftieth Anniversary Commemorative Edition. S. l.: Air Force History and Museums Program, 2000.

Lopez, Kathryn Jean. «Christmas in Korea: A Dark Hour—An NRO Interview». *National Review Online*, 2014. http://www.nationalreview.com/article/395307/christmas-korea-interview.

«Marne History Note: 65th Inf. First in Korea». *Watch on the Rhine* 90, n.º 2 (2008): 11, 16.

McMichael, Scott R. *A Historical Perspective on Light Infantry*. Research Survey 6. Fort Leavenworth: CGSC, 1987.

Montross, Lynn. «The Hungnam Evacuation: Amphibious Landing in Reverse». *Marine Corps Gazette* 35 (1951): 18–27.

Mossman, Billy C. *Ebb and Flow: November 1950–July 1951*. CMH Pub 20-4-1. U. S. Army in the Korean War. Washington, D. C.: USACMH, 1990.

Norat, José A. *Historia del regimiento 65 de infantería*. San Juan: La Milagrosa, 1960.

Norat, José Ángel. *Guardia Nacional de Puerto Rico, historia y tradiciones: cinco centurias en guardia*. San Juan: 1987.

Roe, Patrick C. «The Ghost Armies of Manchuria». *INTSUM* 34, n.° 1/2 (2012): 5–17. http://www.mcia-inc.org.

Rose, P. K. «Two Strategic Intelligence Mistakes in Korea, 1950: Perceptions and Reality». *Studies in Intelligence* (2001). *Central Intelligence Agency.* https://www.cia.gov/library/center-for-the-study-of-intelligence/cia-publications/csi-studies/studies/fall_winter_2001/article06.html#_ftn34.

Russ, Martin. *Breakout: The Chosin Reservoir Campaign, Korea 1950.* Nueva York: Penguin, 2000.

Schnabel, James F. *Policy and Direction: The First Year.* CMH Pub 20-1-1. U. S. Army in the Korean War. Washington, D. C.: USACMH, 1992.

Sheng, Michael M. «The Psychology of the Korean War: The Role of Ideology and Perception in China's Entry into the War». *Journal of Conflict Studies* 22, n.° 1 (2002). http://journals.hil.unb.ca/index.php/jcs/rt.

Simmons, Edwin H. *Frozen Chosin: U. S. Marines at the Changjin Reservoir.* Washington, D. C.: USMCHC, 2002.

Sohn JiAe. «'Ode to My Father' Moves Korean War Veterans». *Korea.net*, 23 de febrero de 2015. http://www.korea.net/NewsFocus/People/view?articleId=125780)

Stewart, Richard W. *Staff Operations: The X Corps in Korea, December 1950.* Fort Leavenworth: CGSC, 1991.

---. *The Chinese Intervention: 3 November 1950–24 January 1951.* CMH Pub 19-8. U. S. Army in the Korean War. Fort Leavenworth: CGSC, 2000.

«Substance of Statements Made at Wake Island

Conference on 15 October 1950, Compiled by General of the Army Omar N. Bradley, Chairman of the Joint Chiefs of Staff, from Notes Kept by the Conferees from Washington». *Harry S. Truman Library and Museum*. http://www.trumanlibrary.org/whistlestop/study_collections/koreanwar/documents/index.php?documentdate=1950-10-15&documentid=ki-9-4&pagenumber=1.

Tan Kwoh Jack. «The Korean War June–October 1950: Inchon and Stalin in the 'Trigger vs. Justification' Debate». *idss Working Paper* 105. Singapur: Institute of Defence and Strategic Studies, 2006.

Taylor, George O., Jr. «The Forgotten War's Forgotten Task Force». *Army* 52, n.º 7 (2002): 43–48. (Publicado también en *Watch on the Rhine* 84, n.º 2 [2002]: 21–22, 25–26.)

---, y George A. Rasula. «Letters: Chosin Reservoir Redux». *Army* 52, n.º 12 (2002): 4–5.

Toland, John. *In Mortal Combat: Korea, 1950–1953*. Nueva York: Quill, 1991.

Truman, Harry S. *Talking with Harry: Candid Conversations with President Harry S. Truman*. Editado por Ralph E. Weber. S. l.: Rowman & Littlefield, 2001.

«U.S. Army Fatal Casualties of the Korean War for Home-State-of-Record: Puerto Rico». Korean War Extract Data File, as of April 29, 2008. Defense Casualty Analysis System (DCAS) Files. Record Group 330. http://www.archives.gov/aad.

Vargesko, Albert M. «An Analysis of the Hungnam Evacuation Based on Current and Emerging Joint Doctrine». Tesis, Command and General Staff College, 1991.

Vázquez, Margarita. Entrevista con el autor. Fuerte Bragg, Carolina del Norte, 3 de marzo de 2003.

Villahermosa, Gilberto. «Letters: Forgotten Task Force». *Army* 52, n.º 9 (2002): 6–7.

---. «Puerto Rico's 65th Infantry Regiment in the Korean War: The Glory Days». *Borinqueneers*, 2007. http://borinqueneers.com/sites/all/themes/bq/files/glorydays.pdf.

Villahermosa, Gilberto N. *Honor and Fidelity: The 65th Infantry Regiment in Korea, 1950–1953*. CMH Pub 70-116-1. Special Publications. Washington, D. C.: USACMH, 2009.

Weintraub, Stanley. *A Christmas Far from Home: An Epic Tale of Courage and Survival during the Korean War*. S. l.: Da Capo, 2014.

---. «Christmas in North Korea, 1950: Why It's Important to Remember the Korean War». *Portico*, 23 de diciembre de 2014. http://www.portico.com/magazine/story/2014/12/christmas-in-korea-1950-113782.html.

Wells, Robert P. «Ship of Miracles: Remembering the *Meredith Victory*». *Watch on the Rhine* 82, n.º 4 (2001): 16.

---. «What a Christmas Dinner!». *Military* (noviembre, 2004): 26.

---. Cartas al autor, 7 y 23 de diciembre de 2004 y 6 de enero de 2005.

Zabecki, David T. «Stand or Die—1950 Defense of Korea's Pusan Perimeter». *Military History* 26, n.º 2 (2009): 36–43.

Zimmerman, Dwight J. «Lt. Gen. Walton Walker Defied General of the Army Douglas MacArthur: Courage under Fire», 2009. http://www.defensemedianetwork.com/stories/courage-under-fire-the-day-lt-gen-walton-walker-defied-general-of-the-army-douglas-macarthur.

Zitzelberger, John J. Correspondencia electrónica con el autor, 3 de septiembre y 2 de octubre de 2007.
---. Cartas, álbum de recortes y disco compacto que obsequió al autor (s. f.).

Sobre el autor

Para Luis Asencio Camacho (Cabo Rojo, P. R., 1969–), el concepto *65 de infantería* no significaba más que el nombre de una avenida principal en algún lugar del Área Metropolitana, si acaso no el de un sinnúmero de calles, parques e instalaciones a lo largo de la isla. Así fue hasta que una helada tarde de enero de 1995, en la pequeña ciudad de Fürth, en el corazón de Alemania, descubrió a los Borinqueños y los convirtió en su pasión. A dos décadas del feliz hallazgo, el actual asistente de recursos humanos con oficina en el Recinto Universitario de Mayagüez presenta su serie *Cruz de Malta* a modo de antesala a un trabajo definitivo tematizado en el 65 y su legado.

SERIE

CRUZ DE MALTA

PERSPECTIVAS DEL REGIMIENTO 65 DE INFANTERÍA

I
UN VILLANCICO DE NAVIDAD BORINQUEÑO
La evacuación de Hungnam (diciembre, 1950)
II
PELIGRO INMINENTE
La ofensiva de primavera de las fuerzas
comunistas chinas, 1.ª parte (abril, 1951)
III
CAMPEONES DE LA CAUSA
El papel del soldado puertorriqueño
en la cruzada de un hombre
IV
LA BALADA DEL HÉROE OLVIDADO
El legado de Juan César Cordero
V
PRELUDIO A ARMAGEDÓN
La ofensiva de primavera de las fuerzas
comunistas chinas, 2.ª parte (mayo, 1951)
VI
EL SEGUNDERO DEL DESTINO
Las batallas del puesto Kelly y la colina 391
VII
MAMBRÚ SE FUE A LA GUERRA
Las maniobras PORTREX en Vieques (marzo, 1950)
VIII
CENTINELA DEL IMPERIO
Puerto Rico y el mundo de la II Guerra Mundial
IX
MARCHA DEL REGIMIENTO DE MI BORINQUÉN
El 65 de infantería entre guerras
X
마지막 국경 (=EL ÚLTIMO OBSTÁCULO)
Una perspectiva política, social y militar

Made in United States
North Haven, CT
04 November 2026

21772129R00037